「もしも？」の図鑑

動物進化
ミステリーファイル

The Mystery File of Animal Evolution.

著◆大渕希郷

実業之日本社

もくじ

意味が
わからなくて…

ひたとみさんへ
さんたじに、うたちで
おた茶た会をします。
たたきてね。
たきりんより

このタヌキ柄の封筒に
入っていたんです

タヌキ…

そうか、
わかったぞ！

あなたのお名前は
ひとみさんですね

な、なぜ
わたしの名前を
知っているん
ですか？

ヒントはこの
タヌキですよ。

「た」をぬいて
読んでみて
ください

ひたとみ…の
たをぬくのね。
ひとみさん…

あっ！

さんじに
うちで…

11

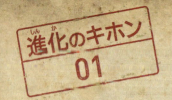
地球の歴史と進化の歴史

　およそ46億年前、地球が誕生しました。その後、40億年前に生命が誕生しています。その原始の生物は"進化"によって、さまざまな姿形へと変化してゆきました。地球の環境に合わせて、あるいは地球環境の変化に合わせて、生物も進化によって変化していったのです。ときにはあまりに大きな環境の変化によってたくさんの生物が絶滅してしまうこともありました。

すべての生命のはじまりは、40億年前に生まれたんだ。
たったひとつの細胞からはじまった生命は、長い年月をかけて、さまざまな生き物へと進化していったんだよ

しかし、それは次の進化を促す結果にもなっています。ある生物が絶滅すれば、その生物が使っていた環境が空きます。その"空き"を別の生物が利用できるようになり、また進化していくわけです。ときには、光合成をする生物があらわれて、地球の空気の組成を変えてしまったように、生物が地球環境に影響を与えることさえありました。

❶ 恐竜が繁栄

❷ いん石が地球に衝突、恐竜はほとんどが絶滅

❸ ほ乳類の祖先が生き残る

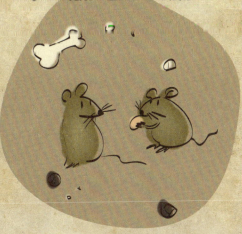

❹ ほ乳類は人類をはじめ、さまざまな種類へと進化

恐竜の多くの種類が地球上からいなくなって、その代わりに、ほ乳類が空いた環境を利用できるようになって、今度はほ乳類がたくさんの種類へと進化していったんだね

13

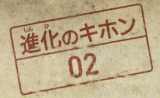

進化とは何だろう？

生物はみな進化します。わたしたちも生物ですから進化します。しかしながら、"わたし"は進化しません。どうしてでしょうか？
　実は、生物という言葉は集団を指す言葉なのです。1匹、1匹は個体とよび、その集団が生物なのです。ヒトでいうなら、個人の集まりがヒトという生物集団です。進化とは、「世代を超えて、DNAに変化が起こり、集団に広がること」を指します。

個体の
変　化

オタマジャクシ

❶

❷

❸

❹　カエル

オタマジャクシからカエルになるのは「個体の変化（変態）」。進化ではないよ！

14

ですから、"わたしたち（生物集団）"は進化できても、"わたし（個体）"は進化することがありません。生まれてから死ぬまで、個体のDNAは変わらないからです。オタマジャクシがカエルになるのは、進化ではなく一個体の変化にすぎません。

進化

❶2億年前

❷1億6000万年前

❸1億2000万年前

❹現在（2018年）

つまり、進化によって恐竜という集団から鳥という集団が生まれたんだよ

15

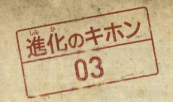

進化はどうやって起こる?

　では、進化はどうやって起こるのでしょうか?　これも集団で考えます。ある集団にいろんな特徴を持った個体が生まれます。わたしたち、人間もみな少しずつ違います。これを多様性と言います。野生生物であれば、その中で、環境に適した個体が生き残りやすく子もつくりやすくなるはずです（適者生存）。そうすると、環境に適した姿へとちょっとずつ変わってゆくことになります。こう考えたのがイギリスの自然科学者のチャールズ・ダーウィンです。

❶

形、色、大きさなどがちがう、
さまざまなチョウ

❷

いや〜

ダーウィンの死後、70年くらいたって、世代を超えて受け継がれるものである"遺伝子"の正体がわかりました。物質としては、デオキシリボ核酸（DNA）だとわかったのです。DNAは体の設計図です。これが世代を超えて変化してゆき、進化が起こるのだとわかったことで、進化の研究がさらに進みました。進化、つまりDNAの変化が集団に広がるかどうかは、適者生存だけでなく、偶然によるものも大きいことがわかってきています。

　しかし、進化の研究は科学的に大きな問題を抱えています。科学的な事実というのは実験によって何度でも再現が可能ですが、進化にかぎっては難しいのです。たとえば、「恐竜から鳥が進化してきた」とわかっても、恐竜から鳥が進化してきた同じ環境を用意して、同じだけの時間（何千万年）を使った実験なんてできません。進化は実験による再現が今のところほぼ不可能なのです。

❸

そ〜と…

DNAに突然変異が起こり、環境に適応しやすい姿のチョウが生まれる

❹

いないな〜

環境にうまく適応した個体だけが生き残っていく

そしてまた葉っぱみたいなチョウの中でも少しずつちがう個体が生まれていくんだ。これをくり返しながら、生き物は環境に適応するために進化していくんだよ

17

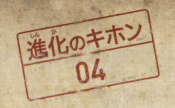

ダーウィンの悩み

　ダーウィンには、悩みがありました。進化＝進歩だと誤解されないかという悩みです。「進化」という言葉が生物以外に使われる場合、進歩と同じニュアンスで使われます。以前より、より優れたものになるニュアンスですが、それは間違いです。生物の進化は、以前より優れたものになるのではなく、環境に適したものになることです。

　同じじゃないか!?と思われるかもしれませんが、たとえば魚はエラ呼吸ができ一生を水中ですごすことができます。一方、もとを正せば魚から進化してきたわたしたち人間には一生を水中ですごすことはおろか呼吸もできません。でも陸でなら一生をすごせます。どちらの方が優れているかなんて答えられないですよね？　進化とは、それぞれの環境に適していくことなのです。

魚は水の中で一生をくらせるけど
人間はくらせない

人間は陸で一生をくらせるけど
魚はくらせない

　そもそも、ダーウィンは、「進化」という言葉さえ使っていません。彼は、集団が世代を超えて変化してゆくというそのままの意味で、「変化を伴う由来（descent with modification）」という言葉を使っていました。より優れたものへ、複雑なものへ変化が進化ではないのです。

進化＝進歩では
ないのね

「退化」も「進化」であって、退化と
いう言葉が存在すること自体、よく
考えたらおかしな話なんだよ

ゾウの鼻が長いのはなぜ？

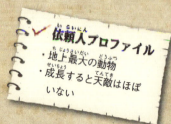

依頼人プロファイル
・地上最大の動物
・成長すると天敵はほぼいない

――ほかの動物の鼻はだいたいみんな短くて小さいので、何かこの鼻に謎があるのでしょうか？

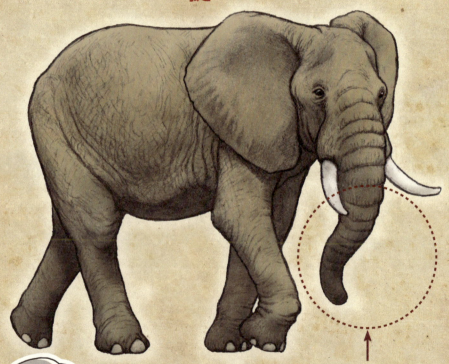

体が大きくて天敵もおそれる最強動物なのに鼻がヘン。ボクの鼻はどうして長いのか、探偵さん調べてもらえますか？

ふむ、何やらとんでもない進化の事件のにおいがするぞ…。
よし、ボクにおまかせください！　鋭い観察と聞き込みから、依頼人の難題をズバッと解決して見せます！

手がかりと証言者

地上最大の動物

ゾウの『地上最大の動物』という点が怪しい。最大7トンになるということは、たくさん食べたり、たくさん飲んだりするはず…。そうだ「水」!! 地面にある水を飲むときに、多くの動物は頭を下げて舌を使って飲む。首の短いゾウはどうやって水を飲んでいるのだろうか?

ワニは見た!

ゾウは水を飲むときに鼻を使っているぜ。
ただしストローのように使うことはない。鼻の途中まで水を吸ってから、それを口にあてて鼻にためた水を飲んでいるんだ。おそおうと思っても、立ったままの姿勢だから素早く逃げられちゃうのよ。こんちきしょう!

結論 巨大化した体で生きていくため

敵におそわれないような体の大きさになったけど、かわりに地面の水を飲んだり食べものを拾ったりするのが大変になってしまった。鼻が長くなることで、それが解決されたんだね！

アフリカゾウ

大きさ	体長：6-7.5m　体重：10トン（最大）
生息地	サハラ砂漠以南のアフリカ
食べ物	木の葉や枝、樹皮、果実など
種類	ほかに、アジアにくらすアジアゾウがいる

Loxodonta africana

体は巨大化

長い鼻をくらしのなかでさまざまなことに使う

なるほど！　確かにボクたちゾウは、体が重いから、しゃがんだり、寝っ転がったりすることはほとんどない。だから鼻がないと水も飲めないんだった！鼻が短いと生きていけないんだね！

ゾウのように鼻が 進化 した動物たち

マレーバク

大きさ	体長：180-250cm、尾長：5-10cm、体重：250-540kg
生息地	東南アジアの森の中の水場など
食べ物	植物の草や根、果実、木の皮など

足場の悪いジャングルでは、ワニや大型ネコ科動物に対して、体が大きく、すばやく動けることが有利になる。バクも体が大きいかわりに鼻（口吻）をつかってものをつかんだりできる。ただし、ゾウのように水をくむことはできない。

伸縮可能

テングザル

大きければ大きいほどモテる

大きさ	体長：オス 73-76cm／メス 61-64cm、尾長：オス 66-67cm／メス 55-62cm、体重：オス 21.2kg／メス 10kg
生息地	ボルネオ島
食べ物	葉っぱや果実などを木の上で食べる

ニホンザルより一回り大きい体格だが、一番の特徴は、大きな鼻。オトナになるとオスだけが天狗のような形の大きな鼻になる。この鼻はゾウのように物をつかんだり、水を吸ったりする機能は無いが、大きいほどメスにモテるらしい。

進化の "おとしもの" たち

プラティベロドン

およそ1500万年～400万年前に、アジアやコーカサス地方に生息。下アゴからキバがシャベル状に伸びているのが大きな特徴。湿地帯にくらし、そのシャベルを使って湿地の植物を掘り起こし、食べていた。当時、このような "シャベルキバゾウ" はじめゾウは多様化し世界中に生息していたが、その後500万年前からはじまった世界的な寒冷化に適応できずに多くの種類が絶滅してしまった。

下アゴが巨大なシャベル状

23

わたしの首は長い、いや長すぎる気がしているのですが、どうしてなのでしょう？　わたしと同じような体型をしているシマウマやシカにくらべても、いかんせん長い。探偵さん、調べてもらえますか？

依頼人プロファイル
・地上でもっとも高さのある動物
・最近、絶滅危惧種になった

ケース02

キリンの首が長いのはなぜ？

——ほかの動物にくらべて長すぎる首に、何か謎があるの？

むむ、たしかにあなたの首はほかの動物にくらべて異常に長いですね。進化の事件のにおいがしますね。

手がかりと証言者

草原

森

草原と森にヒントが？

調査の結果、キリンの親せきが手がかりになりそうだ！　オカピっていうのだけど、草原にくらすキリンとちがって首どころか脚もあまり長くないんだよ…。草原と森。ここに秘密があるのかな？

オカピは見た！

ぼくらオカピとキリンは親せき。言い伝えによると、ご先祖さまと同じようにいまも森でくらしているのがぼくらオカピ。草原に出ていったのがキリンのご先祖さまらしい。見晴らしのよい草原でくらすためには、敵から逃げるために早く走れる長い脚と大きな体が必要になるんだって！　だから背が高くなったみたいなんだけど…長い首と関係あるのかな？

ワニは見た！

キリンは水を飲むときにしゃがまないよ。あいつら、ゾウと同じだよ!!　あれだけ背が高いくせに、首も長いから立ったまま水が飲めちゃうんだよ！　おそいづらいったらありゃしない！

大きくなった体で、立った姿勢のまま水を飲むため

草原でくらすようになって、体が大きく、脚も長くなっていった。それとともに、足元の水を立ったまま飲むために、長い首が進化してきたんだね。ついでに、長い首のおかげでほかの草食動物が食べられない高い木の葉も食べられるみたいだよ。

わたしだけが食べられるのよ～♪

Giraffa camelopardalis

なるほど、森でくらしていたオカピさんとの共通のご先祖さまは体が小さかったのね。そうよね、森のなかで体が大きかったり、脚が長かったり、首が長かったりしたら邪魔だし。環境の変化に合わせて、少しずつ進化したのね。

キリン

大きさ	体長:4.5～6m、尾長:75～100cm、体重:800～1200kg
生息地	アフリカ大陸に広く点在
食べ物	木の葉や果実など
種類	アミメキリン、ケープキリンなど10亜種ほどがいる

キリンのように首が 進化 した動物たち

首が長い

ジェレヌク

大きさ	体長：1.4-1.6m、肩高：80-105cm、体重：28-52kg		
生息地	アフリカ中央部、木の多いサバンナ		
食べ物	アカシアなどの木の葉、小枝など		

アフリカにくらすウシ科の動物。体長150cmくらいで、肩までの高さも100cmくらいの動物だが、首がとても長い。木の葉、芽、枝、花、果実などを食べるが、下草は食べないし、水も食べ物から摂取する。長い首でも届かない高さの食べ物は、後ろ脚で立ち上がって食べる場合もある。

チリメンナガクビガメ

折りたためる首

大きさ	甲長：30〜35cm	
生息地	ニューギニア島やオーストラリア北部などの河川や沼地、湿原など	
食べ物	魚や水生昆虫、貝など	

オーストラリアやニューギニアなどに生息するカメ。このカメをふくむ曲頸類は、南半球にたくさんの種類が生息している。日本のカメのように首を引っこめる（潜頸類）のではなく、首を甲羅のふちに沿って折りたたむことで身を守る。オーストラリアにいるカメはほぼ曲頸類のため、オーストラリア人からすると「カメは首を折りたたむ動物」なのだ。

進化の おとしもの たち

シバテリウム

500万年前から1万2000年前まで生息していたキリンの仲間。今のキリンのように首は長くなく、ウシやヘラジカのような体形をしていた。氷河期の終わりにともなう気候変動や、ほかの偶蹄類との競争に負けた、あるいは先史時代の人類による狩猟圧など、絶滅した理由について、諸説あるがくわしくはわかっていない。

首は短い

ケース03

ジャイアントパンダの 体が白黒の理由は？

―ぼくの体が白黒なことに、
何か深い理由はあるの？

白黒でかわいい動物と言えば、ぼくたち！と言われるくらい、人間たちの間で有名なんですけど、どうして白黒になってしまったの？？　別に人間たちからモテたいわけではないんですけど…。

> ✓ **依頼人プロファイル**
> ・竹を主食にするクマの仲間
> ・中国の高地にくらす

ふむふむ、確かにパンダといえば、白黒模様がトレードマークで、ぼくたち人間に大人気ですね。必ず理由があるはず…。その理由をつきとめましょう！

手がかりと証言者

くらしている場所？

体の色だから、くらしている場所に関係しているのかな?? たしか竹がいっぱい生えている山の高いところにくらしているんだよね！ 雪も降り積もるらしいよ。白い部分は、雪景色に関係しているのかな？ あれ？ でも雪がない時期もあるよね?? きっと季節に関係なく白黒だとうまく天敵から隠れられる場所があるにちがいない！

竹はどこ？

うろうろ…

ゴールデンターキンは見た！

ジャイアントパンダは竹をもとめてずっとうろうろしているよ。そういえば、竹ってあんまり栄養ないんだよね〜。そのせいか竹をもとめてかなり食べ歩いているみたいだよ、ジャイアントパンダ。一年中、雪のあるところからないところまで大変そう。

省エネで衣替えできない。
だけど何とか隠れたい!?

白い部分は雪景色に、黒い部分は木陰など森の中で隠れるのに都合がよいみたい。竹って栄養が少ないから一年中いろんな場所を探さないといけないんだ。ウサギみたいに雪の時期や雪山に行くときは白い毛に、雪のないところでは暗い毛に変わればいいんだけど、そんなことにエネルギーを使えないみたい。竹って栄養低いから…。顔の白黒は、天敵への警告だったり、仲間同士の見分けに使っているらしいよ。

黒は木陰などと同化

顔の模様は天敵への警告、仲間同士の見分けのため

白は雪景色と同化

Ailuropoda melanoleuca

そっかあ。たくさんあるけど栄養の少ない竹を主食に選んだ宿命かもしれないね。でもおかげで食べ物に困ることはなさそう!!

ジャイアントパンダ

大きさ	体長：120〜150cm、体重：85〜150kg
生息地	中国中西部
食べ物	タケ、タコノコ、ササ

パンダのように体が白黒に 進化 した動物たち

上からは黒くて、海の色にまぎれる

下からは白くて、海面の景色に同化

アデリーペンギン

大きさ	体長：60〜70cm、体重：4〜6kg
生息地	南極大陸とその周辺の島々
食べ物	オキアミなどの甲殻類、魚類、イカなど

ペンギンの仲間はだいたい白黒のツートンカラー。黄色が入る種類もいるが、このアデリーペンギンは見事なまでにツートンカラーでさまざまなキャラクターのモチーフにも使われてきた。背中側は黒く海面や海中の上からの景色に、お腹側は白く海中で下からの景色に溶け込むようになっていることで、天敵であるアザラシなどから見つかりにくくなっている。

アビシニアコロブス

大きさ	体長：50〜70cm、尾長：50〜90cm、体重：5.5〜14.5kg
生息地	中央・東アフリカ
食べ物	果物、花や小枝、昆虫など

アフリカ中央部・東部にくらすサルの仲間。木の上でくらし、日中、木の葉を食べて活動。消化しづらい木の葉を効率よく消化するために、胃が3つに分かれている。最初の胃には木の葉の主成分を分解してくれるバクテリアを大量にすまわせている。白黒の体だと、どうやら地上から見上げたときに木漏れ日など景色に紛れ込むようだ。

胃が3つに分かれる。効率よく食べ物を消化できる

進化の "おとしもの" たち

クレトゾイアルクトス・ベアトリクス

ジャイアントパンダの祖先で、およそ1100万年前のヨーロッパの地層から化石が見つかっている。推定体重はわずか60kgで、ジャイアントパンダとくらべてたいへん小柄だった。絶滅した理由についてはよくわかっていない。

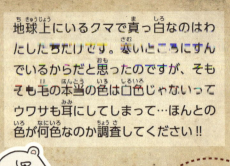

地球上にいるクマで真っ白なのはわたしたちだけです。寒いところにすんでいるからだと思ったのですが、そもそも毛の本当の色は白色じゃないってウワサも耳にしてしまって…ほんとの色が何色なのか調査してください!!

ケース 04

ホッキョクグマの毛、本当は何色？

――わたしの毛、見た目の色は白だけど実はちがう。
本当の色を知りたい！

ふむふむ。なるほど。確かにわたしもホッキョクグマさんの本当の毛の色は別の色ではないかといううわさは聞いたことがありました。興味深い事件ですね。う～ん、本当の毛の色は…

手がかりと証言者

じー…

キラ

✧ キラ

✧

毛がキラキラしている？

白じゃないって、白にしか見えないのだけど…。本当は何色なんだろう。ん？？よくよく見てみると、<u>ナイロン</u>※みたいにキラキラしているよ？？顕微鏡か何かで拡大してみると何かわかるかなあ？？

※ナイロン……ポリアミド系合成繊維の総称で、洋服などの素材に使われる。絹のような光沢がある。

ひとみは見た！

電子顕微鏡で見てみたら、ストローみたいになっていたわ！

毛の真ん中に穴が空いていてストローみたいになっているの。それから、毛を1本1本、目でよーく見てみると確かにナイロンみたいに透けているわ！

真ん中に穴

毛の色は本当は透明だった！

どうやら、白っぽく見えているのは光の関係みたいだ。ホッキョクグマは、本当は透明の毛をまとっていたんだね。穴の中も調べてみたんだけど、空気が入っているだけだった。日本の北海道でも窓が二重になって空気を挟んでいるよね。あれと同じで空気を身にまとうと体温が逃げにくいみたい。

白ではなく透明なのだ！！

光の関係で白く見える。
本当は透明

素肌は実は真っ黒

調べたところ、白く見える毛の下の素肌は、実は真っ黒なんです。別名の「シロクマ」、実はひとつもあっていませんでした。

透明な毛に防寒の秘密があったとは…機械で調べてもらわないとわからなかったよ、ありがとう！

Ursus maritimus

ホッキョクグマ

大きさ	体長：2-2.5m、体重：オス 300-800kg/メス 150-300kg
生息地	北極圏
食べ物	アザラシやセイウチ、魚など

34

ホッキョクグマのように毛が 進化 した動物たち

ラッコ

大きさ	体長：110cm、体重：34kg
生息地	北太平洋の海岸
食べ物	ウニ、アワビ、エビ、カニなど

ラッコは北海道やアラスカなどの寒い海の上でほぼ一生をすごす動物。アシカやクジラなどほかの海にくらすほ乳類は、分厚い皮下脂肪を持ち防寒対策をしているが、ラッコにはさほど皮下脂肪はなく、体中に生える10億本もの毛が防寒着になっている。単純に毛が多いだけでなく、1つの毛穴から長い1本のガードヘアーと短いアンダーファーがたくさん生えていて、ここに空気の層をつくることで高い防寒効果を得ている。

毛が防寒着の役割

ニューカレドニア ジャイアントゲッコー

大きさ	全長：40cm以上
生息地	ニューカレドニアおよび周辺の島々
食べ物	果物や昆虫、花粉など

世界最大のヤモリ。ヤモリの仲間は、肉眼で見えないほど細い、毛のように進化したウロコを指に持つ。これは、脚1本から50万本、さらに1本のウロコが複数に枝分れしていて、この密集した細かな毛状のウロコをものに近づけると「ファンデルワールス力」という物理的な力が発生して、天井でも歩くことができる。ほかのヤモリとちがってニューカレドニアジャイアントゲッコーには尾の先にもこの特殊な毛状のウロコがあり、くっつくことができる。

特殊な毛状のウロコで、くっつくことができる

3.5 m！

進化の "おとしもの" たち

アルクトテリウム・アングスティデンス

200万年前から50万年前の南米に生息した史上最大のクマ。立ち上がったときの身長は成人男性の2倍ほどもある3.5mになる。絶滅した理由についてはよくわかっていない。

ケース05

ライオンの
タテガミはなぜあるの？

—— タテガミのある**理由**がわからん！
教えて、探偵！

依頼人プロファイル
・ネコ科の大型肉食獣
・オスだけにタテガミがある

ライオンと言えば、タテガミ！というくらいだけど、そもそもなんでこんなタテガミがあるんだ？　サバンナのほかの動物を見わたしても首のまわりにこんなものがついている動物がいないのだけど…わからん、教えてくれ！

そうですね…百獣の王、ライオンといえばあの立派なタテガミが印象的ですね。でも、なんのためにあるか考えたことがなかったです。興味深い事件ですね。

手がかりと証言者

マフラーとはちがう？

ライオンのタテガミってマフラーみたいだよね。ぼくたち人間も寒いときはマフラーを巻くけれど、ライオンがすんでいるところは暑いしなぁ。証言者たちから証言を募ろう。

暑いっちゅーねん！

トムソンガゼルは見た！

ぼくたちはよくライオンに命を狙われるのだけど、ライオンの群れってオスが1頭しかいないんだよね。メスライオンを従えているオスはタテガミが立派な気がする…。

ハーレムだぜ〜♪

37

タテガミはオスの強さの象徴、立派だとモテる！

ライオンのオスたちをいろいろインタビューしてみたら、やっぱりタテガミが立派でより黒い方がモテていることがわかったよ!! 健康の証なんだって。

立派で黒いとモテる

ステキ♡

カッコイイ♡

Panthera leo

そうか、精一杯のオシャレだったのかな。オシャレと言っても、人間みたいに身に着けるものではなく体の一部。だから、健康じゃないと色もツヤもだめになって、魅力が半減するんだよ！

ライオン

大きさ	体長：オス 2.6-3.3m / メス 2.4-2.7m、体重：オス 150-240kg / メス 120-185kg
生息地	アフリカおよびインド北西部
食べ物	ヌーやシマウマ、イノシシなど
種類	複数の亜種あり

ライオンのようにタテガミが 進化 した動物たち

黒い直立した毛。
ここがタテガミの由来

長い脚。時速90kmで
走ることができる

タテガミオオカミ

大きさ	体長 130cm、尾長 45cm、体重 23 〜 30kg
生息地	南米中部
食べ物	雑食

オオカミよりもキツネに近い、南米にくらす動物。長い脚が特徴で、とても速く走ることができる。開発による生息地破壊や狩猟、害獣とみなされた駆除によってその数を減らしている。雑食性で小動物から、果実までさまざまなものを食べてくらしている。タテガミオオカミには、オスにもメスにもタテガミがあるが、役割などは不明。

タテガミ

針を逆立てて身を守る

アフリカタテガミヤマアラシ

大きさ	体長 60 〜 83cm、体重 13 〜 27kg
生息地	アフリカの地中海沿岸からザイール北部、タンザニアにかけて
食べ物	植物

ヤマアラシはアフリカ・アジアにくらすヤマアラシ科と、南北アメリカにくらすアメリカヤマアラシ科がある。アフリカタテガミヤマアラシは、その名の通り、アフリカにくらすヤマアラシ科の動物で、主に植物質を食べる。敵におそわれたときは、針状の毛を逆立てて身を守る。基本的に脅しや防御用ではあるが、相手がひるまなければ針を相手に向け後ろ向きで突進する。

進化の "おとしもの" たち

スミロドン

およそ250万〜1万年前の南北アメリカに生息していたサーベルタイガーの一種。ガッシリとした体格と分厚い皮膚を貫く長い犬歯で、マンモスやバイソンなどの大型草食動物をおそうのを得意としていた。地球寒冷化による、獲物の減少とともに絶滅したと考えられている。

長い犬歯

ぼくたちは子どものころは水中でくらして、大人になると陸上でくらすものが多いのだけど、陸でくらすときぴょんぴょん跳ねるんです。…なんで？？って思いだしたら気になりだして。普通に歩いたらダメなのかな。

ケース 06

カエルはどうして ぴょんぴょん跳ぶの？

── なぜ普通に歩かず、わざわざぴょんぴょんするのか、その**理由**を知りたい！

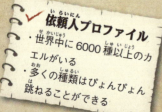

✓ **依頼人プロファイル**
・世界中に6000種以上のカエルがいる
・多くの種類はぴょんぴょん跳ねることができる

ぴょんぴょん高く跳ねることができて、ぼくら人間からするとうらやましいですけど、カエルさんにはカエルさんなりの悩みもあるのですね。

手がかりと証言者

ぴょんぴょんしない カエルも？

そういえばだいたいのカエルはぴょんぴょん跳ねるよね。でも、そういえばこないだヒキガエルがのしのし歩いているのを見ました。カエルはだれでもぴょんぴょんするのではないのですね。彼に聞いてみるのが早いでしょう。

のそっ

オラオラ！

のしのし……

ピョーーン

ナゼ？

にげるケロ！

まて、コラー！

大変だねえ……

ヒキガエルは見た！

確かにぼくらはあまりぴょんぴょんしないかも。だって、ぼくらは毒を持っているからあんましおそわれないんだもーん。トノサマガエルとかヌマガエルとか大変そうだよね、ヘビとか鳥とかによく狙われちゃってさ。

41

結論 ぴょんぴょん跳ねて敵から逃げる！

おそわれない‼ そうか、ぴょんぴょん跳ねているのは、敵から逃げるためだったんだね‼ 尾がないのも跳ねたときに引きずって邪魔になるからなくなるんだね。

尾はなく、ぴょんぴょん跳ねて
敵からすばやく逃げる

Hyla japonica

たしかにぴょんぴょん跳ねれるおかげで、遠くまで素早く移動できるや！

ニホンアマガエル

大きさ	体長：オス 2.2 ～ 3.9cm／メス 2.6 ～ 4.5cm
生息地	沖縄を除く日本全土
食べ物	昆虫やクモなど
種類	カエルは世界に 6000 種以上

カエルのようにジャンプ能力が 進化 した動物たち

アカカンガルー

大きさ	体長：1.3～1.6 m、尾長：0.8～1 m、体重：約80kg
生息地	オーストラリア大陸のほぼ全域
食べ物	主食は草、そのほか、木の芽や葉など

カンガルーの仲間で最大種。言わずと知れたジャンプの名人だが、カエルとは異なり、体の真下に向かって脚が生えており、飛び跳ねて進むときに地面に接するのは後ろ脚だけ。その関係で尾を引きずる心配がカエルほどない。むしろ尾をジャンプのときにバランサーとして発達させている。少しの間であれば強靭な尾だけで立ち上がり、前方にキックを繰り出すことも可能。

着地のときに
前脚を使う

ニホンノウサギ

大きさ	体長：約45cm、耳長：約8cm、尾長：約3cm、体重：約2.4kg
生息地	本州・四国・九州・佐渡・隠岐などの森林地帯・草原
食べ物	木の芽や葉、草など
種類	数種あり

日本にすむウサギの仲間。ウサギは、カンガルーと違って飛び跳ねて進むときに前脚もよく使う。カンガルーは腰を中心に前後のバランスを取る。腰より前の上半身と腰より後ろの尾のバランスを、腰を中心にしてシーソーのように取るが、着地の際に前脚を着くウサギにはその必要がない。連続ジャンプからなる走りは、種類によっては時速80kmも出る。

尾の力は強く、
立つこともできる

進化の "おとしもの" たち

ベールゼブフォ

7000万年前のマダガスカルに生息した ボーリング玉ほどもある史上最大級のカエルの仲間。通称、「悪魔のカエル」。現在、南米に生息するツノガエルと近縁であると言われており、マダガスカルと南米がかつてつながっていたことの証拠にもなっている。絶滅した理由についてはよくわかっていない。

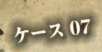
ハイエナはどうして オスメスの区別が難しいの？

― いくら男まさりだって、女なのに
　　男のものがあるのはあんまりじゃない…

> **依頼人プロファイル**
> ・死肉をあさることも多い
> 　ため、掃除屋とよばれる
> 　ことが多い
> ・メス中心の社会をつくっ
> 　ている

わたしたちはね、女が群れを取り仕切っているの。戦いも女の仕事なの。まあ、それはそういうものかな…て思ってたんだけど、股間に男と同じようなものがあるのよね…不思議でしょうがない。

!?　…なんと、そんなことってあるんですか！　確かに謎です。ですが、謎であるほどわたしは燃えるのです！　絶対解明してみせます！

44

手がかりと証言者

メス中心の社会にヒントが？

メスが中心の社会、群れなんだ。動物も人間の世界といっしょなんだね…やっぱりそこに答えがありそうだけど、いろんな動物にインタビューしてみたらメスなのにおちんちんがある動物がほかにも少しだけいるみたいだ。

何か文句あんの！

ないです…

スミマセン…

ひえ〜

ワオキツネザルは見た！

わたしたちも、やっぱりメスにもおちんちんみたいなものがあるのだけど、群れを仕切っているのはメスなのね。ハイエナさんと同じね。群れを守るって大変なのよ、戦いもしなきゃいけないし…変な言い方だけどオスの要素も必要なのよ。

しっかりしな！

コワイ…

結論
強くあるがために
体もオスっぽくなる！

そっか！　群れを守るためには強くないといけない。強くあるために体もオスっぽくなってしまったのかもしれないね！

ナメんじゃないわよ！

確かにわたしたちは強くないといけないかも。ワオキツネザルさんとちがって肉食だから狩りもするし、狩りもメスが中心。強い体になった結果が股間についているのかも。

Crocuta crocuta

ブチハイエナ

大きさ	全長：120 〜 180cm、体重：55 〜 85kg
生息地	アフリカ
食べ物	シマウマ、ガゼル、ヌーなど

ハイエナのようにオスの性器がある動物たち

フォッサ

大きさ	体長：61-80cm、尾長：65-90cm、 体重：オス 6-12kg/ メス 5-7kg
生息地	マダガスカル島
食べ物	小さな動物や鳥、昆虫、カエルなど

マダガスカル島にくらすネコの仲間（食肉目）。体の長さは1mもないが、これでもマダガスカル最大の肉食獣。なぜか若いメスだけが、おちんちんのようなもの（偽陰茎）を持っている。力が弱く若いメスがオスから無理やり交尾されるのを防ぐためではないかと考えられている。

若いメスにだけオスの性器のようなものがある

トリカヘチャタテ

大きさ	不明
生息地	ブラジルの洞窟
食べ物	コウモリのフンや死がい
種類	4種が知られている

ブラジルの洞窟でくらす、ノミほどの大きさの昆虫で、4種が知られている。この昆虫は、性別が逆転した生態を持っている。メスに、偽物ではないおちんちんがある。交尾のとき、メスがこれを使って、オスの体内から精子をもらい受ける。このような生態をもつ生物は大変めずらしく、研究者たちにはイグノーベル賞（「人々を笑わせ、そして考えさせてくれる研究」に贈られる賞）が贈られた。

メスにおちんちんがある

進化のおとしものたち

ホラアナハイエナ

氷河期に生息したハイエナの仲間。今のハイエナよりもひと回り大きな体格をしており、洞窟の中を住みかにしていた。絶滅した理由についてはよくわかっていない。

ヘビに手脚がないのはなぜ？

―― みんなあるのに
なぜオレたちにはない？

どうしてオレたちには手脚がないんだ？　別に困ってないけど、だいたいみんな持ってるから、ないのもないで気になるんだよね…にょろり。

手や脚がないといろいろと不自由な気もしますがどうなんでしょうね。食べ物を食べたり、走ったりするのはどうしているんでしょう？　これは調べがいがありますね。

手がかりと証言者

もしも
手脚があれば

こんな感じ？

どうやって獲物をつかまえる？

むずかしい…さっぱりわかりませんね…。
手脚があれば獲物を捕まえるのも楽なん
ですけどね。ここは、同じような姿をし
ている動物たちを見つけたから彼らに聞
いてみよう！

ミミズトカゲは見た！

ぼくらは、ヘビでもトカゲでもない一
族なんだけど、よく間違えられるんだ
よね〜。地中でくらしているんだけど、
穴掘りは頭でできちゃうし、体全体で
進んだり戻ったりできるから手脚がな
くて困ることはないかなあ？？

頭で穴掘り

器用でしょ？

複数のヒレがなくなったり
合わさったりして、
ひとつのヒダみたいになってるよ

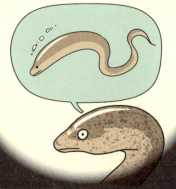

タウナギは見た！

ぼくらはウナギに間違えれるけど、
別の一族だからね！ 日本にも連れ
て来られてくらしているよ。水中
や泥のなかでくらしているけれど、
やっぱり頭を使っているからヒレは
特に必要になったことないなあ。

手脚（てあし）がなくても、どこでもやっていける！

シマヘビ

Elaphe quadrivirgata

大きさ	全長：80-150cm
生息地	北海道、本州、四国、九州
食べ物	ネズミや鳥、は虫類など
種類	ヘビは世界に約3000種以上

ううーん。どうやら水中でくらすか土の中でくらすと、手脚がなくても問題なくくらしていけるようだね。水中か、土の中か、どっちなのかはっきりしないけど、ヘビ一族は3000種類もいるんでしょ？　マグラス、誰かに何か言い伝えとか聞いてない？

手脚（てあし）がなくても
不自由（ふじゆう）しないんだよね…

たしかにヘビの仲間（なかま）は今（いま）では、海（うみ）でくらすもの、木の上でくらすもの、土（つち）の中（なか）でくらすもの、地上（ちじょう）でくらすものいろんなところにたくさん種類（しゅるい）がいますが、もっとも古（ふる）い一族（いちぞく）はメクラヘビだと思（おも）われます。彼（かれ）らは確（たし）かに土（つち）の中（なか）でくらしています。

その一族（いちぞく）にとっては、手脚（てあし）がなくても全然問題（ぜんぜんもんだい）ないもんね。その一族（いちぞく）の特徴（とくちょう）がオレたちにまで引（ひ）き継（つ）がれてきたんだな。

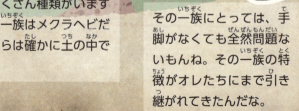

ヘビのように体が長〜く 進化 した動物たち

体はかたいので
とぐろはまけない

まぶたと
耳がある

ヨーロッパアシナシトカゲ

大きさ	全長：約120cm
生息地	ヨーロッパ南東部〜西アジア
食べ物	昆虫や節足動物、ミミズなど

ヨーロッパ南東部から西アジアにかけてくらすは虫類。別名バルカンヘビガタトカゲ。一見ヘビのような長い体をしていて脚もないが、トカゲの仲間。ヘビと違って、まぶたと耳があるのが見分けるポイント。またヘビほど体がやわらかくないために、とぐろを巻くことはできない。

ミツユビアンフューマ

大きさ	全長：100cm
生息地	アメリカのメキシコ湾岸地域
食べ物	魚類、両生類、は虫類など

アメリカにくらす両生類で、イモリやサンショウウオに近い仲間。一見するとヘビかウナギのようだが、小さな脚が4本ある。河川や沼、湿地などにくらしていて、水が干上がってしまうと泥の中で休眠して再び水がたまるまでやり過ごす。昆虫やエビ・カニ、両生類、は虫類なども食べる肉食の動物である。

小さな脚

進化の"おとしもの"たち

長さ13ｍ！

ティタノボア

約6000万〜5800年前に生息した長さ13ｍにもなる史上最大のヘビ。このころはとても温暖な気候で、一説によると、この気候によりは虫類のような変温動物は体を大きく成長することができたと言われている。その後の気候変動が、絶滅した理由とも考えられるが、くわしくはわかっていない。

ケース09

イヌはどうして いろいろな種類がいるの？

—— ほかの動物にくらべて種類が多いのは、何か理由があるの？

依頼人プロファイル
・人間とくらすようになった最も古い動物
・700種以上の品種があると言われる

わたしたちは、人間たちと最も長く、うまくつきあってきた動物だと思っています。我々イヌはとってもたくさんの種類がいるんですけど、どうしてなのか教えてください。

ふむ、わたしたち人間とイヌはとても仲良しですね。わたしもイヌが大好きです。でも、好きなのと、種類が多いのは関係ないですよね。…調べる価値アリですね。

手がかりと証言者

オオカミはイヌの先祖？

そういえば、オオカミさんはイヌにそっくりだなぁ…それに、イヌのご先祖様はオオカミだって聞いたことがある。でも、オオカミはそんなに種類はいないし、だいたい同じような姿だよね?? よし✓オオカミさんに聞き込みだ！

オオカミは見た！

イヌと我々オオカミはとても近い親戚

なんだよ。かつて我々と人間は、同じような場所でくらしていた。いまでもときどき家畜をおそってしまったりしてトラブルになることがあるくらい。イヌは追い払うよりいっしょにくらそうとしたのかな？ そのあと、人間の要望に合わせていろんな姿のイヌが生まれてきて、それぞれ人間の役に立っているようだね！ なんせ我々から家畜を守るイヌもいるくらいだもの。

53

結論（けつろん）

人間との共同生活で役立つように変化した！

人間の役に立つ…と思った昔の人が一緒にくらし始めたのがきっかけのよう。世界中の遺跡などにイヌの絵や骨が残っているんだよ。長い共同生活のなかで、進化のしくみを利用して、より役立つようにいろんな姿のイヌが生まれてきたんだね。

牧羊犬（ボーダーコリー）

愛玩犬（チワワ）

闘犬（土佐犬）

狩猟犬（ダックスフント）

軍用犬（シェパード）

Canis lupus familiaris

ビーグル

大きさ	体高：33-38㎝、体重：8　14kg
原産地	イギリス
食べ物	雑食に近い肉食
種　類	700以上の品種がある

ヒトが大好きで、ヒトのためにいろいろ増えていったんだね！
すっきりした！　ありがとう！

54

イヌのようにヒトとくらすよう 進化 した動物たち

ウシ（家畜種）

大きさ	体高：140-160cm、体重：500-1100kg
生息地	オランダ北部、ドイツ北部
食べ物	草
種類	数種あり

野生のウシであるオーロックスを品種改良したものが、現在みられるすべての家畜ウシの起源。紀元前7000年ごろ、西アジアとインドでそれぞれオーロックスが家畜化されて家畜のウシが生まれた。重いものを運べて、乳をしぼったり食肉用にもできるので重宝され、世界中へと広がった。そのなかで、イヌと同じように用途にあわせてさまざまな品種もつくられていった。イラストは乳牛であり食肉用にもなるホルスタイン。

重いものも運べる強じんな体

メキシコサンショウウオ（ウーパールーパー）

大きさ	全長：10-23cm
生息地	メキシコのソチミルコ湖周辺
食べ物	魚や昆虫などの水生生物

メキシコにくらすメキシコサンショウウオのうち、幼生のまま大人になったものをウーパールーパーとよぶ。ウーパールーパーとは、日本でつくられたよび名で現地ではアホロートルとよばれる。メキシコの限られた湖でだけ、大人の姿にならない天然のアホロートルがいるが、環境悪化により絶滅の危機に。一方で、古くから実験動物として重宝され世界中へ広がった。また、近年ではペットとしての需要も高く、野生では絶滅しかかっているが、人間とくらしている数は多いという事態になっている。

ウーパールーパーが通じるのは日本だけ

進化の "おとしもの" たち

ダイアウルフ

およそ30万〜1万年前の北米に生息した史上最大のイヌ科動物。どっしりとした体格と幅広い頭をしたオオカミで、アゴの力はとても強く、ハイエナのように獲物の骨までかじっていたといわれている。絶滅した理由はよくわかってはいないが、氷河期の終わりにともなう気候変動や、獲物となる大型草食獣の絶滅、先史時代の人類の競合などが考えられる。

ワニはどうして
水辺にしかいないの？

―― ワニがみんな水辺にすむには
何か謎があるのだろうか？

✓ 依頼人プロファイル
・水辺のハンター
・世界に 24 種類が生息

おいらたちはアフリカ、アジア、南北アメリカと世界に広くくらしているんだけど、どれも水辺。どうやら恐竜の時代から水辺のハンターとしてやってきたみたいなんだけど、どこかほかの動物とちがうんだろうか？

確かにどのワニさんも、水辺にしかいませんね。逆に言えば、水辺にしかいない理由があるはず。そのあたりから調べてみますか…

手がかりと証言者

水辺のハンターと言えばワニですね。この事件の謎を解くヒントは、水辺でくらせるために、水辺仕様になっているあの、かたそうな体にありそうですね…水辺にいるほかの動物に聞き込みをしてみましょう。

尾の力は強く、水中で強い推進力を生む

ヌーは見た！

わたしたちは大移動をするのですが、そのとき恐ろしいワニのいる川をわたらないといけないのです。え？　目で見て探せって？それで見つかったら苦労しませんよ。体のほとんどを水中に隠したまま近寄ってきて、連係プレーをするんですから。

ヘヘヘ…

気づいてないぜ…

ンモ～…

57

結論 体のつくりが 水辺仕様になっているため

水中から水辺の獲物をおそうワニ。獲物を探す目と耳、呼吸のための鼻先だけ水中から出せるようになってる‼ 水中からハンティングしやすい体になっているんだね！ それに連係プレー。そういえば、仲間と協力して肉を引き裂いたりしているよ（ぞぞ～）。

獲物を探す目と耳。
耳は目のすぐ後ろにある。

鼻先を水中から出し呼吸

Crocodylus porosus

イリエワニ

大きさ	全長5m以上。最大8m
生息地	インド南部～インド洋～オーストラリア北部まで広く分布
食べ物	水生生物および水辺に近づく動物

ワニさんはこわがられているけれど、自慢の連係プレーで赤ちゃんワニが卵から孵るのを手伝ったり、仲間どうし協力しあって生きているんですよ。

水中でくらすのに適した体、仲間思いの心。やっぱりオレたちは水辺の王者なんだなと自信がついたぜ！ ありがとよ！

ワニのように水辺でくらすよう **進化** した動物たち

カバ

大きさ	体長：290-505cm、体重：1000-4500kg
生息地	アフリカ中央部〜南西部の水辺
食べ物	植物

目・鼻・耳が一直線

アフリカにくらす大型の偶蹄目（ウシの仲間）。水辺にくらしていて、漢字で書くと「河馬」。見た目とちがって、非常に獰猛な動物で、なわばりに侵入したものはたとえワニであろうとライオンであろうと攻撃をしかける。ワニとおなじように、顔を横からみると目・鼻・耳が一直線上に並んでいる。同じような環境で同じようなくらしをしている生きものはどこか似てくることがある。

ミズオオトカゲ

大きさ	全長：2.5 m、体重：25kg
生息地	東南アジアの水辺
食べ物	小動物や死んだ動物

東南アジアに広くくらす大型のトカゲ。コモドオオトカゲに次ぐ大きさで、全長250cmにもなることがある。肉食性で何でもおそってよく食べる。さらには、死がいなども食べる。主に水辺で生活しているが、眠るときはワニなどの天敵から身を守るため、木の上で寝る。タイ王国では街中でもたくさん見ることができるが、タイ王国や中国では、国の保護動物になっているため許可なく捕獲などはできない。

世界で2番目に大きい。全骨としてはコモドオオトカゲより長いハナブトオオトカゲもいる。

進化の "おとしもの" たち

マチカネワニ

化石が大阪大学構内で発見され、40万年前に生息した7mほどの大型のワニ。背中に並ぶ鱗板骨という骨が平らで滑らかなのが現在のワニとは違う特徴。絶滅した理由についてはよくわかっていない。

鱗板骨の形が現在のワニとは違う

クジラやイルカの
先祖は誰？

✓ **依頼人プロファイル**
・一生を水中でくらすほ乳類
・世界中の海に80種類以上

―魚と間違えられないように、
だれでもわかるほ乳類としての**特徴**が知りたい！

ぼくたちは魚じゃないのに、魚みたいな姿をしています。でも、ぼくらは
ほ乳類です。魚じゃないから、エラ呼吸じゃなくて肺呼吸だし子どもも
お乳で育てるけれど、でもそれ以外にほ乳類の特徴って何かないのかな？
魚と間違えられない見た目でわかる特徴を教えてくださーい。

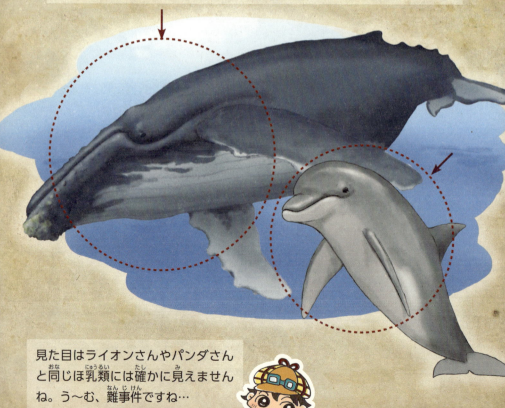

見た目はライオンさんやパンダさん
と同じほ乳類には確かに見えません
ね。う〜む、難事件ですね…

手がかりと証言者

泳ぎ方にヒントが？

みなさん、泳ぎますけど、泳ぎ方をよく観察してみると、イルカさんやクジラさんと、サメやほかの魚は、**泳ぎ方が少し違いますね。**ドルフィンキックは、ぼくら人間にもできるけれど、サメにはできませんね。

スイス〜イ

何かちがう…

縦

横

サメは見た！

イルカの野郎の泳ぎ方は、オレらとは確かに違うぜ！ オレらは体を横にくねらせて泳ぐけど、あいつらは縦なんだよ。よく海から見てるけど、アシカもそうだし、ラッコもそうだよなー。ついでに人間たちも横にくねくねはできないよな。

体の動かし方を見よ！

結論（けつろん）

イルカやクジラもそもそもは陸（りく）でくらしていたころは、イヌのような、イタチのような姿（すがた）をしていたんだ。骨（ほね）の証拠（しょうこ）から、見た目（め）はともかくウシの仲間（なかま）だったらしい。ウシにしてもイヌやイタチにしても体を縦（たて）にくねらせることができても横（よこ）には無理（むり）だよね？　海（うみ）でくらすにあたってそこは変（か）えられなかったみたいた。

縦（たて）

イルカやクジラのご先祖様（せんぞさま）が陸（りく）でくらしていたときの姿（すがた）。パキケトゥス類（るい）と呼（よ）ばれているよ。いまから5300万年頃（まんねんごろ）に生息（せいそく）していたよ。

まさか自分（じぶん）たちのご先祖様（せんぞさま）がこんな姿（すがた）だったとは！　納得（なっとく）しました。ありがとう、探偵（たんてい）さん！

Megaptera novaeangliae

ザトウクジラ

大（おお）きさ	体長（たいちょう）：11-14m、体重（たいじゅう）：30トン
生息地（せいそくち）	ほぼ世界中（せかいじゅう）の海域（かいいき）
食（た）べ物（もの）	オキアミやニシン、サバ
種類（しゅるい）	クジラ類（るい）は世界中（せかいじゅう）に80種（しゅ）以上（いじょう）

イルカ・クジラのように海中で一生をくらすよう(進化)した動物たち

陸にうちあがってしまうと動けない。

セグロウミヘビ

大きさ	全長：50-80cm
生息地	太平洋～インド洋まで
食べ物	魚

外洋性のウミヘビで、卵ではなく直接子どもを生む胎生であるため、一生を陸に上がらずにくらせる。というよりも、陸を進むためのお腹側のウロコ（腹板）が完全に退化しているため、陸にあがってしまうと、身動きが取れずに死んでしまう。何かに特化すると何かができなくなってしまうこともまた進化の特性だ。

ジュゴン

大きさ	全長：3m、体重：450kg
生息地	インド洋、西太平洋の暖かい海
食べ物	アマモなどの海草

インド洋、西太平洋、紅海にくらす完全水生のほ乳類。一生を海でくらし、食べ物は海草類。海藻は食べない。海草もまた、陸上植物がふたたび海でくらすように進化したもの。世界的に数を減らしている絶滅危惧種で、日本でも特に沖縄地方で保護か開発かの議論が続いている。日本の国の天然記念物に指定されている。

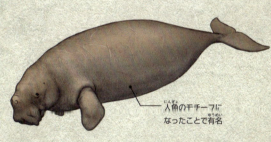

人魚のモチーフになったことで有名

進化の"おとしもの"たち

バシロサウルス

4000万年前に生息し、今のクジラにない後脚がまだ小さく残っている原始的なクジラ。ヘビのような長い体が特徴。ヘビとちがって、この体を縦にくねらせて泳いでいたと考えられている。始新世末期に起こった気温の急低下（始新世終末事件）によって、ほかの多くの生物と共に絶滅した可能性がある。

後脚

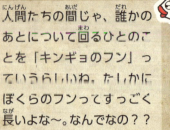

人間たちの間じゃ、誰かの
あとについて回るひとのこ
とを「キンギョのフン」っ
ていうらしいね。たしかに
ぼくらのフンってすっごく
長いよな〜。なんでなの？？

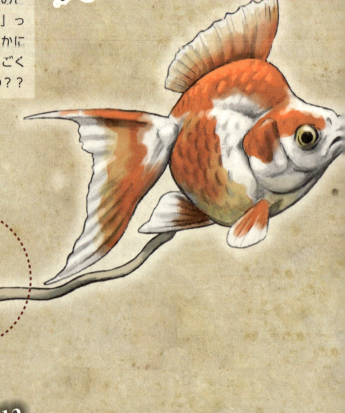

ケース 12

キンギョのフンは
どうして長い？

——必要以上に長いぼくたちのフン。
　　　そんな長いフンになる理由を教えてください！

たしかに、キンギョさんのフンはわたしたちのウンチとちがって
長いですね。出すのもさぞかし大変でしょう。調べてみましょう。

手がかりと証言者

体の中でもフンが長い？

キンギョのフンが長いということは、体の中でもフンは長いってことだよね？？　あれ？　違うのかな？？　そういえば、キンギョと親戚のコイって料理されるよね。ちょっと料理人に聞いてみよう。

ぼくを食べないで！

川魚料理人は見た！

コイをさばくと、実はだいたいの動物にあるものがないんだよ。最初はびっくりしたんだけど、何匹さばいてもそうなんだから、そういうものなんだろうな。

無い！

何かがない！

結論 キンギョには胃がないため

Carassius auratus

キンギョ

大きさ	全長：平均30cmまで成長
生息地	江戸時代に中国から琉球を経由して日本に伝わる
食べ物	専用のエサのほか、雑食
種類	品種は100種以上

実はキンギョには胃がないんだ。腸がめちゃめちゃ長いからかとか思ってた。意外。胃のことを調べたら、入り口に噴門、出口に幽門というしまるところがあるんだね。胃がないっていうのはつまりこの2つの門がないわけで、本当の意味で食べたものがお尻までずーっと続いていけることができるんだね。

胃がないので
食べ物が保存できない

保存ができないので
すぐフンになる

そうか、場合によってはいま食べているものとフンが体のなかでつながっている場合もあるのかな？？？

66

キンギョのように内臓が 特殊 な動物たち

ハス

大きさ	全長：30cm
生息地	日本や朝鮮半島、アムール川水系、 中国の長江水系より南など
食べ物	小魚など

キンギョとおなじくコイ科に属する淡水魚類。よって胃はない。しかし、ハスはほかの多くのコイ科の魚と違って、ほかの魚をおそって食べる肉食魚。獲物をしっかりと捕まえるために、口が への字になっている。胃はないが、丸呑みした魚を消化するために、腸の前の方が胃のように膨らみ分厚くなっている。また、魚が逆流しないように喉の奥に弁のようなものがある。

への字の口

ヒツジ

大きさ	体重：45-160kg
生息地	オーストラリア、南アフリカ共和国
食べ物	草
種類	200種以上

ヒツジをふくむ偶蹄目の動物（ウシの仲間）のなかで、イノシシの仲間を除いたすべてが4つの胃を持つ。前から順番に、第1の胃には微生物をすまわせていて食べてかみ砕いた植物の分解を手伝う。第2の胃は第1の胃の働きを助けていて、微生物と混ぜ合わさった食べ物を口まで吐き戻させる。これを反芻といい、口で再びよく噛みなおす。第4の胃は本来の胃の働きをする。第3はというとまだくわしいことはわかっていないが、食べ物をすりつぶせるような構造をしている。イラストはメリノ種という羊毛用の品種。

4つの胃をもつ

進化の "おとしもの" たち

オオサカランチュウ

頭にたくわえた丸い鼻ひげが特徴。その歴史は古く、江戸時代の1862年には品評会の記録がある。しかし、品評会の審査基準がかなり厳しく、一説によるとそれにより一度ほぼ絶滅した。現在みられるものは復元中のもので、完全な復元はまだできていない。

丸い鼻ひげ

✓ 依頼人プロファイル
・オーストラリアにくらす有袋類
・主食はユーカリの葉っぱ

コアラはどうして
毒を食べるの？

── なぜ毒があるものを
　　わざわざ食べる必要があるの？

ぼくらはユーカリばっかし食べていて、自分たちでは気づかなかったんだけど、これ、毒があるらしいね。なんでわざわざ毒を食べるようになったんだろ??

毒を食べるなんて自殺行為ですね。なぜ、好んで食べるのか、深い理由がありそうですね。探偵におまかせください！

68

手がかりと証言者

毒があれば一人占め？

毒がある食べ物……、毒があればほかの動物はわざわざ食べようとはしないですよね。そこにヒントがあるのでしょうか？

あいつ、だいじょうぶか？

....？

ユーカリは猛毒の青酸などをふくむ

キノボリカンガルーは見た！

わしらも木の葉を食べるけど、好きこのんでユーカリは食べないねえ〜、だって毒だもんよ。死んじゃうよ。

結論（けつろん） ほかの動物が食べられない食べ物を 独占できるから

ユーカリには毒があって、ほかの動物は食べられない。食べられるのはコアラだけ。つまり、君たちが貴重な食べ物を独占できるってことだ。独占できるということは、食べ物をほかの動物と奪い合わずにすむから安心してくらせるね。

だれも食べないから、ひとりじめ♥

盲腸が2mもあって、解毒できる

1日20時間、寝ているかじっとしている。動かないのは毒のせいではなく、食べ物に栄養が少ないため

Phascolarctos cinereus

コアラ

大きさ	体長：65-82cm、体重：4 15kg
生息地	オーストラリア大陸の南東部のユーカリ林
食べ物	ユーカリの葉

ありがとう！　でも、人間も人間しか食べられないものがあるみたいだよ。知ってた？

コアラのように特殊な食べ物を食べるよう進化した動物たち

キンイロジェントルキツネザル

大きさ	体長：34-38㎝、尾長：38-42㎝、体重1.5-1.65kg
生息地	マダガスカル南東部
食べ物	タケ類、植物など

タケノコ。猛毒の青酸をふくむ

マダガスカル島にくらす小型のサルの仲間。明け方と夕ぐれによく活動するサルで、3〜6匹の家族単位で生活する。主にこの地にあるタケノコを食べてくらすが、このタケノコには猛毒である青酸がふくまれている。どうやって毒を無効にしているのかはよくわかっていないが、タケノコを食べたあとに必ず食べるという土に何らかの解毒作用があるのではないかと言われている。

アボカドはペルシンをふくむ。ヒト以外は食べることができないらしい

ヒト

最近になって、ヒトもほかの多くの動物が食べられないものを食べているということがわかってきた。それは、メキシコと中央アメリカを原産とするアボカド。アボカドには、ペルシンという物質がふくまれていて、ヒト以外の多くの動物にとって毒なのだ。ほかにも人間にとっては毒ではないが、イヌやネコにとっては毒となる玉ねぎやチョコレートなどがある。このように、それが毒となるかどうかは食べる動物によるものもある。

進化の"おとしもの"たち

ディプロトドン

およそ100万〜6000年前にオーストラリアに生息していた大型の有袋類。現在のウォンバットを大きくしたような姿をしていた。化石の証拠から、植物を主に食べていたことが推測されている。絶滅理由は定かではないが、くり返し引き起こされた氷期による環境変化の可能性が指摘されている。

ケース14

ナマケモノは なぜほとんど動かないの？

依頼人プロファイル

・すばやく動くことができない
・生涯のほとんどを木にぶら下がって過ごす

──動きがスローすぎるぼくたち。
　こんなスローなぼくたちに未来はあるのでしょうか？

こ〜ん〜に〜ち〜わ〜。
どう〜し〜て〜ぼくら
は〜は〜や〜く〜う〜
ご〜け〜な〜い〜の〜
か〜、し〜ら…

何ですって？　どう〜し〜て〜…うごけない？　どうして早く動けない？
見た目もあんまり早く動けなさそうですけど…よし、調べてみましょう！

72

手がかりと証言者

早く動がなくても良い?

なぜ、早く動けないのか…。これは、つまり「早く動かなくてもいい理由」がありそうだね。一番、関わりのある彼に聞いてみよう。

のろ〜…

う〜ご〜け〜な〜い〜

オウギワシは見た!

天敵のオレ様に聞くとはな! すごい探偵もいたもんだな。あいつらのことで動きが遅い以外に知ってることといやあ、飯をほとんど食べてない。そのせいか、つかんだとき、妙に体温が低かったような…

あまり食べない…

実は体温が低い…

1日8gほどしか食べない

73

なまけているんではなくて、省エネ仕様の体のため

ご飯をあまり食べてない。体温調整もしていない。…そうか！　車も温度調整、つまりエアコンを入れるとガソリンがどんどん減ってゆく。君たちはたとえるとエアコン機能のない車だから、そもそもそんなに食べなくても大丈夫なんだ。そのうえ、動きもほとんどなくせばさらにガソリン（食べ物）は少なくてすむ。徹底して、食べなくても大丈夫なようになってるんだ！

動かないから食べないのか…

消費するエネルギーを限界まで下げて、必要なカロリーも極限まで下げる。徹底した省エネ

実は泳ぎは得意

筋肉の量も少ないために地面を這うようにして移動

食べないから動かないのか…

ナマケモノ

大きさ	体長：60㎝、体重：4kg
生息地	中米〜南米まで
食べ物	葉や植物の芽、果実など
種類	ナマケモノは全部で5種

それどころか、自分の体にガをすまわせて、そのガのフンを肥料に体にコケを生えさせて、それを食べてしまうそうです。ものぐさの極みですね…

そ〜う〜い〜う〜こ〜と〜だった〜のね〜…なっとく〜

74

ナマケモノのように動きが ゆっくり な動物たち

ピグミースローロリス

大きさ	体長：20-30㎝、体重：230-600g
生息地	東南アジアの熱帯林
食べ物	樹液や花の蜜、果物や虫など

東南アジアにくらす小型のサルの仲間。その名の通り、動きはとてもスローでジャンプさえできない。木の上でくらし、昆虫を食べてくらす。さすがに、狩りのときは素早いかと思いきやこれまたゆっくり。どうやら、素早く動くものに敏感な昆虫は、逆にあまりにもゆっくり過ぎるスローロリスの動きは認識できないらしい。動きのおそいスローロリスだが、おそわれると毒を口の中でつくって噛みつく。

リスではなくサル

ニシオンデンザメ

大きさ	体長：7m
生息地	北大西洋の深い海域
食べ物	アザラシなどの海生ほ乳類や魚など

深海にくらすサメの仲間。大型で、最大で全長7mを越す。エサをもとめて浅い海にやってくることもあるが、泳ぐ速度は時速1㎞程度でかなり遅い。サケなどをおそって食べているが、どうやっておそっているのかは不明。寿命もかなり長いことがわかってきていて、大人になるまで150年はかかる。成長速度もかなりゆっくりな動物。

全長7m

進化の "おとしもの" たち

メガテリウム

164万～1万年前に南米に生息していた大型のナマケモノの仲間。ゾウに匹敵する巨体で、地上を歩いていた。おそらくあとから大陸に渡ってきた人類の狩りによって、1万年前に絶滅した。

全長6m、体重3トンもあったので、木には登れなかった

ケース15

アリクイはなぜ
アリを食べる？

依頼人プロファイル
・おもにアリやシロアリを食べて
くらす
・体長100cmを超えるものから
20cm程度のものまで4種がいる

── アリしか食べられないぼくたち…
　　　　この先だいじょうぶでしょうか？

アリを食べるから「アリクイ」なんて名前をつけられちゃってるくらいぼくらは毎日、アリを食べてます。食べやすいように口も舌も細く長くなって、歯もほとんどないです。…ほかのものを食べるのは無理がある口になっちゃってて、ときどき不安になるんだけど、だいじょうぶかな。

元気を出してください。アリクイさん。アリクイさんはアリを食べるから「アリクイ」って名前なんですよね。名前の通り、アリしか食べないのでしょうか？

手がかりと証言者

白いアリが何かを知っている?

アリってどこにでもたくさんいますね。アリは、黒いけど、あそこにいるアリは白い、あれはシロアリ? それとも、羽化したてのアリ? 白でも黒でも、アリクイさんはアリなら何でも食べるのかな…よし、彼にも聞き込みしてみよう。

うじゃ　　うじゃ

ん?

白いアリ?

シロアリは見た!

ぼくらはぜんぜん別の生きものだよ! アリはハチ、シロアリはゴキブリの仲間! でも、どっちにも言えることは、1匹1匹は小さいけれど、ものすごくたくさんいるってこと。ぼくらをちまちま食べると、食べる手間の方がかかって食べた気がしないかもだけど、巣をこわして長いベロでどんどんぼくらを食べていけるアリクイにとってはそうじゃないのかもね……。

オレはゴキブリのなかまさ

ぼくはハチのなかま

ぼくがシロアリだよ

わたしがアリです

77

アリクイは、アリを効率的（こうりつてき）にたくさん食（た）べてくらす生（い）き方（かた）を選（えら）んだ！

アリもシロアリもほんとにたくさんいて、いなくなるってことはなさそうだね。そんな生（い）き物（もの）をエサに選（えら）んだ動物（どうぶつ）の中（なか）でもアリクイは、まるでホースのような口（くち）で効率（こうりつ）よくアリを食（た）べられる体（からだ）になっていったんだね。たしかに小（ちい）さいアリとかをちまちま集（あつ）めていたら、むしろ食（た）べ疲（つか）れちゃいそう。その点（てん）、アリクイはうまくやってるよね。そして、彼（かれ）らの硬（かた）い毛（け）はアリからの攻撃（こうげき）を防（ふせ）ぎ、大（おお）きなツメはアリ塚（づか）をこわすのにとっても便利（べんり）なんだよ。

長（なが）い舌（した）は超高速（ちょうこうそく）で動（うご）き、1日（にち）3万匹（まんびき）ものシロアリを食（た）べる

硬（かた）い毛（げ）がアリからの攻撃（こうげき）を防（ふせ）ぐ

アリなどの昆虫（こんちゅう）は、栄養面（えいようめん）に優（すぐ）れハイカロリー。エサに最適（さいてき）

アリ塚（づか）をこわすのに適（てき）した大（おお）きなツメ

Myrmecophaga tridactyla

オオアリクイ

大（おお）きさ	体長（たいちょう）：100〜120cm、尾長（びちょう）：70〜90cm、体重（たいじゅう）：20〜39kg
生息地（せいそくち）	中南米（ちゅうなんべい）
食（た）べ物（もの）	アリやシロアリなど
種類（しゅるい）	アリクイは全部（ぜんぶ）で4種（しゅ）

そうなんだね。アリやシロアリはたくさんいるけれど、ほかの動物（どうぶつ）たちよりも効率（こうりつ）よくアリを食（た）べられる体（からだ）に進化（しんか）していたんだね。

アリクイのように
アリやシロアリを食べるよう 進化 した動物たち

アードウルフ

大きさ	体長：55-80cm、尾長：20-30cm、体重：8-14Kg
生息地	南・東アフリカ
食べ物	シロアリ、昆虫、トカゲ、鳥の卵など

アフリカにくらすハイエナの仲間で、別名はツチオオカミ。主にシロアリを食べてくらす。そのせいか、歯はかなり貧弱ですき間だらけ。大人になるまでに歯がたくさん抜けてしまうことも多い。舌をつかってシロアリをなめとるが、その特徴も、歯が貧弱な特徴もアリクイとよく似ている。

歯はすき間だらけ

長い舌でアリを吸うように食べる

アリスイ

大きさ	全長：16cm
生息地	ユーラシア大陸、アフリカ大陸北部、東南アジア
食べ物	アリ

キツツキの仲間で、日本でも見ることができる。名前の通り、アリを食べてくらす。スイは「吸り」の意味で、長い舌を使って、アリをなめとる姿が「アリを吸っている」ように見えたためアリスイの名がついた。アリスイは鳥なので、歯はそもそもないが、舌をつかってアリを集めるところはアリクイやアードウルフと同じ。

進化の "おとしもの" たち

グリプトドン

カメのような甲羅

南米固有のほ乳類、アルマジロに近い仲間。3mもある巨体で、カメのようなドーム状の甲羅を背負うような姿をしていた。1万年ほど前に絶滅。アルマジロ・グリプトドンの仲間と、ナマケモノ・アリクイの仲間は親戚だが、なかでもアリクイの仲間は化石があまり出ないため進化の過程がよくわかっていない。絶滅した理由はよくわかっていないが、人類の狩猟活動の可能性が考えられる。

ケース 16

カメの甲羅の正体は？

——甲羅があるのは何か理由があるのでしょうか？

依頼人プロファイル

・ご存知、甲羅をもつ動物
・動きは遅いと思われがちだが
　そんなことはない

ぼくらの甲羅、脱げるんですか？って聞かれることもあるんだけど…脱げるわけないでしょ‼　と思いつつも、じゃあこれなんなの？っていつも思うんだけど。なんなのこれ。

う～ん、カメさんといえば甲羅がトレードマーク、甲羅のないカメは見た事がありませんね。でも必ず理由はあるはず。よし、調べてみましょう。

手がかりと証言者

ヤドカリとの違いは？

とはいったものの、むずかしいな…ヤドカリさんもカメさんとおなじように殻を背負っていますが、脱げますね…でもカメさんは甲羅を脱ぐことができない。何がちがうんだろう？…レントゲン撮ってしらべてみるか…。マグラス、たのむよ！

ぬげない…

うーん

この殻
あきたわ！

ちがうのにしましょ！

背骨と甲羅が一体化！

マグラスは見た！

了解です。どれどれ… こ、これは！ 背骨と甲羅が一体化しています！ それに、背骨から出ているはずの「あの骨」が…みあたりません！

81

あばら骨が進化して
カメの甲羅になった！

いや、よく見るとあばら骨がある！　そうか甲羅はあばら骨が進化によって変化したものだったのか。だから甲羅を脱げなかったんだね。だって、体の一部なんだもん！

肩甲骨はあばら骨の内側にあって、ヒトは外側にある

あばら骨が板状に変化し、さらにその上に角質でできた板が一体化

Geochelone nigra

ガラパゴスゾウガメ

大きさ	甲長：最大130cm
生息地	ガラパゴス諸島
食べ物	サボテンなど
種類	カメの種類は350種以上

あばら骨‼　あばら骨でしたか！　じゃあ、ぼくらの体でスペアリブはつくれないわけですな。

カメのように体を硬く(進化)した動物たち

オオアルマジロ

大きさ	体長：75-110cm、尾長：50-55cm、 体重：18.7-32.5kg
生息地	南米大陸の草原や森
食べ物	アリ、ほか、クモやミミズなど

南米にくらすアルマジロの最大種。体重30kgにもなる。ほかのアルマジロと同様硬く変化した角質によって身を守る。主にアリやシロアリ、昆虫類、小動物を食べてくらす。開発により数を減らしているが、もともと食用とされることもあった。また、硬い甲羅やツメなどは、装飾品や鍋に加工にされることもある。

スペイン語で「武装したもの」(armado)がその名の由来

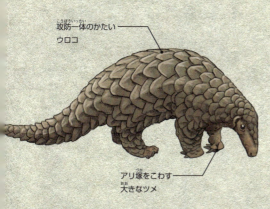

攻防一体のかたいウロコ

アリ塚をこわす大きなツメ

ミミセンザンコウ

大きさ	体長：45-60cm、体重：2-6kg
生息地	ネパール、タイから中国南部、台湾にかけての森林
食べ物	シロアリやアリなどの昆虫

アジアにくらすほ乳類の仲間で、アリクイやアルマジロに似ているが、まったく別の動物。角質でできたウロコに覆われた体をしている。このウロコは縁がするどいため、防御だけでなく攻撃にも使用される。アリやシロアリを食べるために長い舌と歯のない口をしていること、アリ塚をこわすために大きなツメを持っていることもアリクイと似ている。

進化の"おとしもの"たち

パッポケリス

2億4000万年前に生息したカメの祖先。カメ特有の甲羅はまだもっていないが、カメの甲羅をつくるあばら骨などの骨が発達し、その兆しが見られた。絶滅した理由についてはよくわかっていない。

カメの祖先だけど、甲羅はまだない

ぼくらのツノって、男らしくて、かっこよくて、みんなのあこがれの的でしょ。でも、ほかの昆虫にはこんなツノはないのに、どうしてぼくらだけこんなに立派なツノがあるんだろう？教えて、探偵さん！

ケース 17

カブトムシにはどうしてツノがあるの？

──かっこよくて自まんのツノだけど、ある**理由**を知りたい

カブトムシさんのツノ、とても立派であこがれますね。おまかせください。わたしが解決しましょう。

手がかりと証言者

ケンカ大好き？

聞き込みによると、カブトムシさんはしょっちゅうあのツノを使ってケンカにあけくれているそうだ。ふつう、オス同士の真剣勝負で、勝った方が樹液が出る良い木を占領できて、かわいいメスもよってくる。でも、オス同士でケンカしているだけではないようです。

ブーン

オリャー！

ケンカ大好き！！

虫たちは見た！

わたしたちは見たわよ!!　あんたが、オスだけでなくて、メスのカブトムシもぶん投げているところを…ひどいわね…

きゃ

何てことを…

ひどい…

あちゃ～

85

邪魔者を排除し、次から次へと交尾をするため

最初は、ライバルのオスや邪魔なクワガタなどほかの虫を投げたりして、意中のメスとめでたくカップルに。でも、用がすんだとたんにそのメスを投げ飛ばして、また次のメスへと…うん、ひどいですね。

カブトムシ

大きさ	体長：38～55mm（ツノをのぞく）
生息地	日本、台湾、インドシナ半島、朝鮮半島、中国。北海道は人為分布
食べ物	成虫は樹液、幼虫は腐葉土や朽木

フンッ
あーれー

好き♡
好き♡

フンッ
ひどい‼

！！！そうだったのか———！！！！どうりで、気がつくとメスがいないと思ってた。あはは（てへぺろ）

まぁ、次から次へメスをとっかえひっかえするのは、子孫を残すためでもあるのです。そんな悪者あつかいしないでください。

カブトムシのようにツノが 進化 した動物たち

オスにはとがった
ツノのような突起

メスはこん棒の
ような形

テングキノボリヘビ

大きさ	全長：100cm
生息地	マダガスカル
食べ物	トカゲやヤモリなど

マダガスカル島に生息するヘビの仲間。樹上性で、ヤモリやトカゲなどを食べる。ヘビの仲間は世界に3000種以上いるが、オスとメスで形が違うのは、テングキノボリヘビの仲間だけ。オスの頭にはとがったツノのような突起がある。メスにもあるが、形が違っていてこん棒のような、松ぼっくりのような形をしている。これらの違いがある理由は、まだわかっていない。

シロサイ

大きさ	体長：3-4m、体重：オス2-3.6トン／メス1.4-1.7トン
生息地	アフリカ南部の草原や低木地帯
食べ物	草

アフリカにくらすサイの仲間で世界最大種。オスは、体重が3トンを超える場合もある。頭には2本のツノがあり、オス同士でツノを突き合わせて争うこともある。このツノは、骨ではなく角質でできている。ツノが薬用になるという迷信から乱獲されて数が激減している。

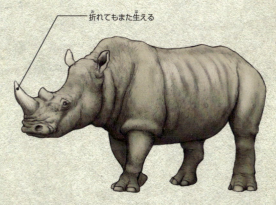

折れてもまた生える

進化の "おとしもの" たち

オスの前脚は
8cmにもなる

ヤンバルテナガコガネ

カブトムシをしのぐ日本最大の甲虫で、沖縄本島北部の原生林にのみ生息。1983年に発見されたこの昆虫は、遺存種と考えれている。遺存種とはかつて栄えていたが、その後の環境変化などにより現在は限られた場所でわずかに生き残っている生物のこと。

ケース18

シマウマが白黒 縞模様なのはなぜ？

――シマウマが白黒なのは、何か**特別**な理由があるのでしょうか？

✓ **依頼人プロファイル**

- いわずと知れた白黒シマシマの動物
- アフリカにくらす

ぼくらの白黒縞模様、きれいでしょ。ほかにぼくらとおなじように白黒縞模様の動物ってあんまりいないような気がします。どうして、ぼくらだけこのような模様があるのでしょうか？

シマウマさんの白黒縞模様、とてもキレイですよね。シマウマさん以外にいない、オンリーワンですね。そこに何か理由があるはず…。しらべてみましょう。

手がかりと証言者

縞模様で敵からかくれる？

一番考えられるのは、敵から身を隠すためかな。つまりカモフラージュ。トラは白黒ではなく黄色と黒だけど、縦縞が体を隠すための模様だっていうし、パンダの白と黒も隠れる効果があるっていう話だったよね。実際にシマウマをおそって生きている動物に確認してみよう。

うまく隠れてるだろ？

メスのライオンは見た！

いやいやいやいや、シマウマの縞模様、別に隠れようになってないよ。白だと目立つし…すぐ見つけちゃうわよ！ そういえば、うちの群れで話してたんだけど、シマウマだけはうっとおしい血を吸うハエがあまりたかっていない気がするわ。

かえって目立つ

目立つよ？

結論 残念ながらよくわからない！
迷宮入り事件

シマウマの白黒縞模様がなぜあるのかについては、ダーウィンをはじめ、科学者たちがいろいろと調べてきましたが、よくわかっていないのが現実。白黒縞模様は虫を寄せ付けないといわれているけど、理由はよくわかっていません。半分だけ縞模様のクアッガさんが生き残っていれば、もっとくわしくわかったかもしれません。…この事件については時間をください！

ハエは白黒縞模様が苦手らしい…

Equus grevyi

グレビーシマウマ

大きさ	体長：2.5-2.6m、尾長：70-75cm、体重：350-450kg
生息地	ケニアとエチオピアの一部
食べ物	草や根、木の皮など

確かにハエに血を吸われたことはあんまりないかも…でも理由がわからないのか、残念。

シマウマのように体が縞模様に　進化　した動物たち

イイジマウミヘビ

大きさ	全長：50〜90cm
生息地	日本（南西諸島）、台湾
食べ物	魚の卵

日本、台湾、フィリピンの海にくらすヘビの仲間。ほかの多くのウミヘビと同じく黒と白（あるいは青）のバンド模様をしている。多くのウミヘビは有毒だが、本種は、魚卵を専門に食べるため、毒牙も毒腺も退化していてほぼ無毒。このため、毒がないイイジマウミヘビもウミヘビらしいバンド模様をしていることで、おそわれにくくなると考えられている。

白黒
縞模様

大人は色鮮やか

子どもは白黒縞模様

エルドラードギャリワスプ

大きさ	全長：最大35cm 前後
生息地	ブラジル東部の一部
食べ物	昆虫など

ブラジルにくらすトカゲの仲間。子どものころは、白と黒のバンド模様をしているが、大人になるとその模様は失われて全く別のトカゲのような色鮮やかな模様に変わる。なぜ、子どものころだけ縞模様かというと、同じ地域に縞模様のヤスデがくらしているためではないかと考えられている。このヤスデは、おそわれるととても嫌な臭いのする化学物質を放出する。このヤスデのふりをすることで敵からおそわれにくくしている可能性がある。

進化の "おとしもの" たち

クアッガ

後ろには縞模様なし

南アフリカのごく限られた場所に生息していたが、食肉に利用されたり、牧場などができるなど開発が進んだりして、そのすみかを奪われ、野生のものは1860年代に絶滅した。ヨーロッパの動物園に残っていた最後の1頭も1883年に死亡し、完全に絶滅した。体の後ろ半分だけに縞模様がなぜないのかはまだわかっていない。

ぼくらの体、見ての通り、ふつうじゃないじゃないですか？　なぜ、ぼくらだけ、こんな体をしているのでしょうか？　あんまりじゃありません？教えてください！　探偵さん！

ケース 19

タコはどうしてあんな体なの？

——ほかの動物にはないこの2頭身の体。
この体には何か謎があるのでしょうか。

依頼人プロファイル
・軟体動物の仲間
・8本の脚をもつ

そんなに悲観的にならないでください。確かに、タコさんやイカさんは、見た目もそうだし、ぐにゃぐにゃしているし、ふしぎな体をしています。でも、それには必ず理由があるはずです。その理由をわたしが突き止めてみせます。おまかせください！

手がかりと証言者

骨はなさそうだけど…

タコさんの体は、推測するに、骨はなさそうですね。だから、あんなふうにぐにゃぐにゃできるのでしょう。真相への第一歩は、海の中にいる似たような体の生き物たちに話を聞くのが先決でしょう。まず、貝やナマコとかに聞き込みですね。…ってなんですか、あなたは!?

クラゲ

ヒトデ

ウミウシ

二枚貝

巻貝

ナマコ

?

タコなのに殻

カイダコは見た！

「何だ君は」とは、失礼な！　タコですよ、タコ。え、殻があるって??　だから、カイダコですよ！　あれ??　ぼくら頭足類（→ p.94）と巻貝とかの貝類って親戚なんだよ、知らなかった??

貝殻をもった先祖から 進化したから!?

タコさんたちと貝が親戚…。ひょっとして、タコさんたちのご先祖さまも殻を持ってたんじゃないかな。そしてその中に大事な内臓がある胴体を隠して、目を出してあたりを探って脚を出して獲物を捕らえていた…でも、進化の過程で、隠していた貝がなくなってしまったからあんなふしぎな姿になってしまったのではないかな…

助手のわたしが補足しますと、タコさんたちは、「頭足類」とよばれていて、実は、頭だと思っているところは胴体なんです。そして、胴体の下に頭があるんですよ。

本当の頭はこのあたり

実は胴体

専門的には、脚ではなく腕とよばれる

Enteroctopus dofleini

ミズタコ

大きさ	体長：3-5m、体重：10-50kg
生息地	北太平洋海域
食べ物	甲殻類や貝類など
種類	タコの種類は約200種

胴体がないとばかり思っていたよ。知らなかった。ぼくの体はふしぎがいっぱいなんですね。

タコのように2頭身な動物たち

コウモリダコ

大きさ	体長：約30cm
生息地	熱帯・温帯地域の約600～900mにかけての深海
食べ物	マリンスノー（プランクトンの死がいなどの海中の降下物）

深海に生息。タコと名前がついているが、タコでもイカでもなく、タコやイカが分かれる前の祖先に近い種類と考えられている。コウモリダコの仲間は、恐竜がいたジュラ紀の地層から化石がたくさん出ている。

巨大な青く光る目

脚は8本のように見えるが、2本隠れていて実は10本

脚は90本もある

オウムガイ

大きさ	体長：20cm前後
生息地	南太平洋やオーストラリアの100～600mの深海
食べ物	死んだ魚や脱皮した殻など

殻に入った頭足類。殻の中に胴体があり、内臓が収まっている。ただし、巻貝と違って、殻の奥までは体が入ってなく、一番手前側だけに収まっている。約5億年前から姿がほぼ変わっていない生きた化石。フィリピンのセブ島では、調理して食べる習慣がある。

進化の "おとしもの" たち

ナナイモテウティス・ヒキダイ

8000万年前に生息したコウモリダコの仲間。今の深海にいるコウモリダコとは比較にならないほど大きく、その大きさは2.4mと推測されている。イカやタコの体で化石になるのは、カラストンビくらいなのでそこから大きさを推測している。絶滅した理由についてはよくわかっていない。

全長2.4m！

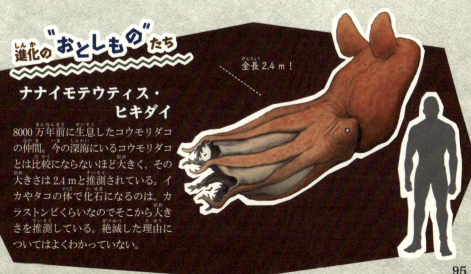

ケース20

ゴリラはどうして
胸を叩くの？

——ゴリラが胸をたたくことに、
何か**理由**があるのでしょうか？

✓ **依頼人プロファイル**
・世界最大の霊長類で、ヒトに
　もっとも近い類人猿
・主に植物を食べてくらす

ちょっとわたしから
質問。ゴリラさんっ
て、胸をポコポコ鳴
らすじゃない？　あ
れってどうして？

本人に聞いてみたら
いいじゃない。

だってゴリラさん、
無口じゃない。

たしかに…

96

手がかりと証言者

声を出せない？

ゴリラさんはほとんどしゃべりませんね。ゴリラさんが話している姿をほとんど見たことがありません。うん？声を出さない…出せない… は！もしかして、声を出せない代わりに、胸をたたいているのでは？

グフーム　　グフーム

男はだまって

ポコポコ…

チンパンジーは見た！

ははは、ゴリラってオレらとちがってものしずかだよね〜、あいさつだって「グフーム」だけだもんな。同じ森に住んでるからよくわかるけど、代わりにポコポコはよくやってるぜ！

結論 胸をたたいて、気持ちを表現している

どうやら、胸をポコポコ鳴らすのにはいろんな意味があるみたい。仲間に自分の場所を知らせたり、ケンカはやめようという合図だったり。さらに、ケンカ以外のとき、楽しいときも、気持ちが高ぶったときにやるみたい。ぼくたちはうれしくても、悲しくても気持ちがたかぶると涙が出るけれど、同じような感覚なんだろうね。

ちなみに、ゴリラさんが胸をポコポコ鳴らすことを「ドラミング」といいます。ドラム（太鼓）をたたいているように見えるからです。そしてたたくとき、グーではなくてパーでたたきます。そっちの方が音が大きくでるためだからです。

ポコ

ポコポコ

ポコ

手はパー

Gorilla gorilla

ニシゴリラ

大きさ	身長　オス 160-170cm／メス 120-140cm
	体重　オス 140kg／メス 60-80kg
生息地	アフリカ西部
食べ物	植物の根や葉、木の皮、果実など
種類	ゴリラは全部で2種

ポコポコ！　ポコポコポコポコ!!（なるほど！）…

98

ゴリラのように
コミュニケーションが 進化 した動物たち

グリーンイグアナ

大きさ	全長：1-1.8 m
生息地	中南米、西インド諸島の熱帯雨林
食べ物	草や木の葉、果実など

中南米にいるトカゲの仲間で、植物を食べて
くらす。樹木の上にいて、危険が迫ると水の
中に飛び込んで逃げるので、泳ぎもたいへん
上手。ときおり、頭を縦にふるボビングという
行動をとる。これには、求愛や威嚇、挨拶な
どさまざまな意味がある。

頭を縦にふる
ボビング

イヌ

大きさ	体長：30-200cm
生息地	世界中
食べ物	雑食に近い肉食
種類	700以上の品種がある

ヒトの場合、「目は口程に物を言う」と言うが、
イヌの場合は尾。飼い主によく見せるしっぽを
素早くふる行動は興奮しているとき。腰を落と
してさらに大きくふっていれば、愛情と尊敬を
あらわす。逆にしっぽが脚の間に入ってしまっ
ている場合は、恐怖を感じているとき。イヌを
見かけたら、まずはしっぽの動きに注目すると、
コミュニケーションがとれるかも。イラストは
ビーグル。

しっぽで気持ちを
表現

進化の "おとしもの" たち

ギガントピテクス

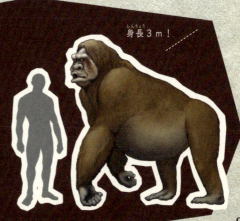

身長３ｍ！

約100万年前に出現し、30万年前まで生息
した史上最大の霊長類で類人猿の仲間。下
アゴと歯のみしか知られていないが、身長は
３ｍにもなったと言われている。絶滅した理
由についてはよくわかっていないが、気候変
動や、ジャイアントパンダなどとの食物の競
合、人類との生態的な競合など、他種との
競合が可能性として考えられる。

動物たちの事件、解決したわね。よかった。最後に、わたしたちヒトについても、疑問を解決してもらいたいわ。ヒトって、見た目だけみてもちょっとほかにはない姿でしょ？ ヒトってサルの仲間らしいけど、ほかのサルとはちょっと違う気がする。本当に、ヒトって何なの。どうやって進化してきたの。

ケース21

ヒトはどうしてヒトになったの？

――あきらかにほかの動物とはちがうヒト。
どうしてヒトはヒトなの？

依頼人プロファイル
・地球上に広く分布
・もうすぐ100億人を突破するらしい

最後に一番の難事件がきましたね。わかりました。最後の事件、進化探偵が必ず解決してみます！

100

手がかりと証言者

特徴がたくさんあるヒト

人間の特徴って、いくつもあるよね。ヒトってサルの仲間らしいけど、ほかのサルとはちょっと違う気がする。頭以外はほとんど毛がないし、2本脚でずっと歩けるし。それに、文字を使ったり、道具をつくったり、料理をする。特別な存在だよね。ほかの動物たちはどう思っているんだろう。

料理したり

文字を
書いたり

道具を
使ったり

2本脚で
歩いたり

動物たちは見た！

（声を合わせて）こんな風に、いろいろ考えるところでしょ！！！！

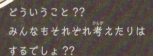

どういうこと??
みんなもそれぞれ考えたりはするでしょ??

だけど、ぼくたちは遠い過去のことや遠い未来のこと、いま目の前にあること以外は考えたこともなかったし、考えられないよ。

101

結論 悩み、考えることができること、これが人間（ヒト）たる所以！

人間（ヒト）はたしかにいろんな特徴を持っている。ほかの動物たちと同じように、自分たちだけの特徴がいくつもある。だけど、たしかに遠い遠い未来や過去のことや、遠い場所のこと、時間や空間を超えて考えられるのは人間だけかもしれない。

ヒトのように恐竜が 進化 したら……？

ディノサウロイド

ディノサウロイドは、「もしも、恐竜が絶滅せずに進化したらどうなったか？」とカナダの古生物学者が想像したもの。ディノサウロイドのもとになった恐竜はトロオドン。現在の鳥類へとつながる種類だ。全長2m程度、体重50kg程度で恐竜としては小型だが、体の大きさに対して大きな脳と前を向いた目、ものをつかめたかもしれない指の構造をしていた。これらの特徴から進化をくり返せば、ヒトのような知性を持った動物になったかもしれないとディノサウロイドが想像された。ほかの学者から、非科学的であるとの批判もたくさん受けたが、科学もまずは観察から仮説を立てること、つまり想像力を働かせることがいちばん大切である。

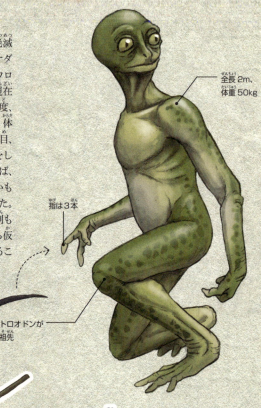

全長2m、体重50kg

指は3本

トロオドンが祖先

トロオドン
全長2mほどの小型の恐竜。視覚、聴覚、嗅覚に優れ、知能も高かったと思われる。

進化の "おとしもの" たち

ネアンデルタール人

わたしたちの直系ではない、人類のひとつ。赤毛で肌は白く、体温を失いにくいずんぐりとした体形で寒さに適応していた。40万年～2万4000年前ごろのヨーロッパを中心にひろく分布。絶滅の原因ははっきりとわかっていない。最新の研究で、わたしたちのDNAに彼らのものが数％混じっていることがわかっていて、このことから、何かしらの交流があったと思われる。

身長は165cm、体重は80kg以上と推定される

このサイダーの中で
泳げたら楽しそうね…

人魚みたいに…

人間の中からも
いつか水中で
くらせるものが現れる
かもしれませんよ

人間が
魚みたいに
水中で!?

そんな
まさか!

いきなり陸地が水に
しずんだらムリかも
しれませんが

長い年月をかけたら
水に適応していくと
思いますよ

まだ研究中だけど、東南アジアの
海辺で昔から漁をしてくらしてきた
モウケン族の人たちは水中メガネ
なしでも水の中がよく見えるそうだよ

※モウケン族……タイやミャンマーなどにくらすモウケン族は、一年中海の上でくらす海洋民族で現在は陸地でくらす人もいる。
人間は水にもぐるとあまり見えないが、モウケン族の人たちは水中でもよく見える眼をもつといわれている。

何万年か、何千万年か、
もっと先か…
人類の中から魚のように
水中でくらせる種、
言うなれば「サカナ人間」が
生まれるかも
しれないね

すごい
不思議…

まさに
進化だね…

水だけじゃなく
空に適応していけば
トリ人間が

土に適応したら
モグラ人間…

じゃあ、もし
宇宙に適応
したら…

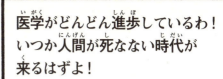

医学がどんどん進歩しているわ！
いつか人間が死なない時代が
来るはずよ！

でも、何万年も何千万年も
生きるなんてムリか…

あきらめ
ないで！

不老不死
人間ですね

人間だけじゃ
ないですよ
ぼくらだって
まだまだ進化して
いますよ

そうよね
うちらパンダからも
白黒じゃなく
虹色の種が
あらわれるかも…

進化の旅は
まだまだ続く！

いつかまた
見に行こうね！

あとがき

　進化のキホンを読んで、気づいたひともいるかもしれませんが、いまこの瞬間、地球上に生きる生きものたちはすべて40億年前に地球に生まれた原始生物の子孫と言えます。それこそミミズだって、オケラだって、アメンボだって……もっと言えば、ぼくら人間も、ぼくらの手のひらにたくさんいるだろう微生物たちも、みんな40億年前のご先祖さまの末裔です。だとすると、いまこの地球上に生きている生きものはみんな40億年のときを進化しながら、それぞれがくらす環境に適応しながら、生きてきたことになります。ですから、「人間より微生物は下等だ！」、あるいは「人間はサルより高等だ！　優れている、進化している」なんて表現は間違っているのです。

　この本では、そんな生きものたち、それぞれの進化の謎に迫ります。しかし、これがなかなか難しいのです。生きものの進化に迫る学問は、進化学、系統分類学などいくつかあります。しかし、いずれも科学の分野でありながら、科学として難点を抱えています。それは、進化を実験によって確かめることが難しいということです。たとえば、恐竜から鳥への進化の証拠を化石やDNAに見つけ、論理立てて説明すること、論文にすることはできます。しかし、それが本当かどうかについて、実験による再現・検証はできません。一説によれば、恐竜から鳥への進化は8000万年かかったと言われています。どんな人間でも8000万年かかる実験はできないからです。タイムマシンでもあれば話は別なのですが。

　ですから、この本に書かれていることの中には、新しい研究成果によって塗り替えられてゆくものもあると思います。大切なのは、いまある学説をよく読み、疑問に感じた部分を自分で確かめ、調べ、研究することです。もし、読者の中から科学者になるひとが現れて、この本の内容を塗り替えてくれたら、著者の私としてもとてもうれしいです！

大渕希郷

さくいん

著 者 大渕希郷（おおぶち まさと）

1982年、神戸市生まれ。京都大学大学院博士課程で動物学を専攻。その後、上野動物園・両生爬虫類館・飼育展示スタッフ、日本科学未来館・科学コミュニケーター、京都大学・野生動物研究センター・特定助教（日本モンキーセンター・キュレーター兼任）を経て、2018年1月より独立。世界初のどうぶつ科学コミュニケーターとして活動をしている。夢は今までにない科学的な動物園をつくること。特技はトカゲ釣り。主な著書に『絶滅危機動物』、『爬虫類・両生類』（いずれも学研ポケット図鑑）など。

編集協力・デザイン ジーグレイプ株式会社
イラスト ほしのちなみ、川崎悟司、イシダコウ
漫画 手丸 かのこ
装丁 柿沼 みさと

主な参考文献 『爬虫類の進化』疋田努（東京大学出版、2002年）
『哺乳類の進化』遠藤秀紀（東京大学出版、2002年）
『両生類の進化』松井正文（東京大学出版、1996年）
『決定版 日本の両生爬虫類』内山りゅうほか（平凡社、2002年）
『カブトムシとクワガタの最新科学』本郷儀人（メディアファクトリー新書、2012年）
『Herpetology 3rd edition』Laurie J. Vitt *et.al.*（Academic press, 2009）

「もしも？」の図鑑
動物進化ミステリーファイル
2018年6月5日　初版第1刷発行

著 者 大渕 希郷
発行者 岩野 裕一
発行所 実業之日本社
〒153-0044 東京都目黒区大橋1-5-1　クロスエアタワー8階
【編集部】03-6809-0452　【販売部】03-6809-0495
実業之日本社のホームページ　http://www.j-n.co.jp/
印刷所 大日本印刷株式会社
製本所